鬥智擂台

謎語
挑戰賽
2

新雅文化事業有限公司
www.sunya.com.hk

動動腦・猜猜謎

謎語這種文字遊戲由來已久，一直深受小朋友歡迎。謎語通過生動有趣的語言，勾畫出事物或文字的特徵，在猜謎的過程中有助培養小朋友的想像力和觀察力。本書精選了 116 則益智有趣的謎語，涵蓋各種事物、文字和成語，讓小朋友寓學習於娛樂。出現 ☆ 的題目會有一點難度，要多動動腦筋啊！

小朋友，準備好接受挑戰了嗎？一起進入愉快的猜謎時間吧！

1 葉青青，青青葉，
青青葉上見珠寶；
怕日曬，怕風搖，
想看珍珠要趁早。
（猜一自然現象）

4

2 懸崖掛張大銀幕，
一匹綢緞向下落。
遠聽似千軍萬馬，
近看像銀泉飛下。

（猜一自然物）

3 千條線，萬條線，
落在河裏看不見。
（猜一自然現象）

4 胸襟真寬大，
江河容得下，
會漲又會退，
風起掀浪花。

（猜一自然物）

5 清清楚楚一幅畫，
有山有樹也有花，
別處花樹向上長，
此處花樹向下生。

（猜一自然現象）

8

6 樹木連成片，
綠蔭遮蔽天，
鳥獸這裏住，
空氣多新鮮。

（猜一自然物）

7 說它是龍比龍兇，
搖頭擺尾力無窮，
暴雨響雷隨它來，
毀壞房屋災禍生。

（猜一自然現象）

8 一條帶子長又長，
彎彎曲曲閃銀光，
一頭通到大海裏，
一頭連接高山上。

（猜一自然物）

9 彩色綢緞天邊掛，
夕陽映照似春花，
女孩見了空歡喜，
不能剪裁做衣裳。
（猜一自然現象）

10 有種現象真奇妙，
天空一道白光耀，
寒冬時節無處尋，
暴雨天氣常出現。
（猜一自然現象）

11 上竄下跳紅彤彤，
有風它更顯威風，
天下萬物都能吃，
大水一來它失蹤。

（猜一自然物）

12 抬頭仰望一條河，
不翻波浪閃銀光，
河中不見魚兒游，
掛滿星斗億萬顆。

（猜一自然物）

15

13 不速之客來得快，
從天跌落這世界，
一團火光到地面，
火光不見見石塊。
（猜一自然物）

14 一閃一閃亮晶晶，
黑暗來臨放光明，
手指把它數一數，
密密麻麻數不清。

（猜一自然物）

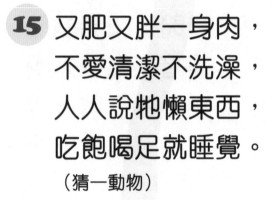

15 又肥又胖一身肉，
不愛清潔不洗澡，
人人說牠懶東西，
吃飽喝足就睡覺。

（猜一動物）

16 鼻子極靈敏，
奔跑最在行。
忠心對主人，
守門人人誇。
（猜一動物）

17 有個媽媽真奇怪，
跳得還比奔跑快，
身前口袋放寶寶，
寶寶吃睡在袋中。

（猜一動物）

18 圓耳尖嘴長鬍鬚，
身上穿着灰布袍，
白天常在家裏躲，
夜晚出來偷東西。

（猜一動物）

19 穿白袍，嘴巴紅，
走起路來嘎嘎叫，
浮在水中把槳搖。

（猜一動物）

20 天生與人最相近，
森林裏面來棲身，
生來聰明又靈巧，
愛吃香蕉愛搔頭。

（猜一動物）

21 身穿一件花衣裳，
用手洗臉不梳頭，
日間無事愛睡覺，
夜行不用燈光照。
（猜一動物）

22 吃進去是草，
擠出來是寶，
奶汁給人類，
功勞真不少。

（猜一動物）

25

23 說是貓卻不是貓，
身後尾巴短又粗，
長年竹林裏邊住，
天天竹葉當飯吃。

（猜一動物）

24 顏色有白又有灰，
不怕風雨展翅飛，
就像和平小天使，
替人傳信送溫情。

（猜一動物）

25 身穿綠袍小英雄，
夏天池裏捉害蟲，
秋風一吹不見了，
春天又在池塘中。
（猜一動物）

28

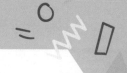

26 細長一條繩，
常見草叢中，
誰若碰見了，
嚇得慌忙逃。

（猜一動物）

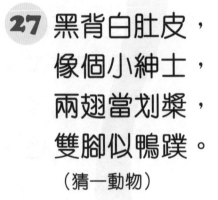

27 黑背白肚皮，
像個小紳士，
兩翅當划槳，
雙腳似鴨蹼。

（猜一動物）

28 鐵嘴彎彎眼睛亮，
海闊天空任飛翔，
捕捉蛇鼠除蟲害，
空中獵手受稱揚。
（猜一動物）

29 別的醫生會打針，
這位醫生會捉蟲。
篤篤篤，捉捉捉，
大家叫牠樹醫生。

（猜一動物）

30 身披一件大皮襖，
山坡上面吃青草，
為了別人穿得暖，
甘心脫下身上毛。

（猜一動物）

31 一身灰皮大尾巴，
尖尖耳朵刀子牙，
生性貪婪又兇狠，
羊群兔子都怕牠。

（猜一動物）

32 穿着一身花衣裳，
動物之中牠最高，
樹頂葉子吃得到，
為吃甘願少睡覺。

（猜一動物）

33 一艘大軍艦，
能浮又能潛，
吃魚不喝油，
噴水不冒煙。

（猜一動物）

34 凸眼睛，闊嘴巴，
尾巴又比身體大，
搖搖擺擺水中行，
好像一朵大紅花。

（猜一動物）

35 嘴像小鏟子，
腳像小扇子，
走路左右擺，
不是擺架子。

（猜一動物）

36 紅眼睛，白衣裳，
尾巴短，耳朵長。

（猜一動物）

37 說牠是馬不是馬，
穿着條紋花布衫，
把牠請進動物園，
大人小孩爭看牠。

（猜一動物）

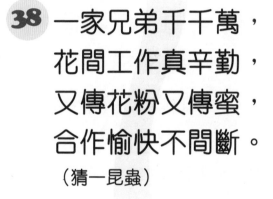

38 一家兄弟千千萬，
花間工作真辛勤，
又傳花粉又傳蜜，
合作愉快不間斷。

（猜一昆蟲）

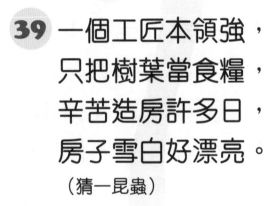

39 一個工匠本領強，
只把樹葉當食糧，
辛苦造房許多日，
房子雪白好漂亮。

（猜一昆蟲）

40 大眼睛，亮晶晶，
肚子長，翅膀輕，
夏天飛在天空裏，
低飛便知快下雨。

（猜一昆蟲）

41 小小燈籠飛上天，
漆黑夜裏放光芒，
仔細看看沒蠟燭，
原來是隻小蟲子。

（猜一昆蟲）

42 遠看芝麻布滿地，
近看黑驢忙運米，
成羣結隊來工作，
糧食搬進洞裏藏。

（猜一昆蟲）

45

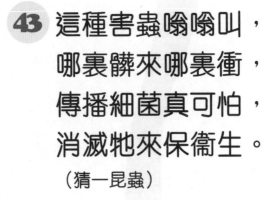

43 這種害蟲嗡嗡叫，
哪裏髒來哪裏衝，
傳播細菌真可怕，
消滅牠來保衞生。

（猜一昆蟲）

44 高高個兒一身青，
金黃圓臉喜盈盈，
天天向着太陽笑，
結的果實數不清。

（猜一植物）

45 一種花，秋天開，
長鬈髮，多姿彩，
耐寒傲霜意志強，
五彩繽紛人喜愛。

（猜一植物）

46 水裏生來水裏長，
小時翠綠老來黃，
脫掉外殼黃金甲，
煮成白飯撲鼻香。

（猜一植物）

47 一個小姑娘，
身穿綠衣裳，
碰碰就低頭，
害羞不露臉。

（猜一植物）

48 頭戴綠帽子，
身穿紫袍子，
小小芝麻子，
裝滿一肚子。

（猜一食物）

49 一粒粒，像珍珠，
白如雪，鍋裏煮，
煮熟香氣飄滿屋，
引得肚子咕嚕響。

（猜一食物）

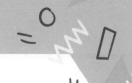
50 像蔥又像蒜，
比蔥長得矮，
層層裹綢緞，
切它淚漣漣。
（猜一食物）

51 有個老伯伯，
頭上毛髮長，
脫下綠袍子，
滿身是珠子。
（猜一食物）

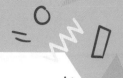

 老家在熱帶，
風雨吹不壞，
倒出肚裏水，
甘甜又涼快。
（猜一水果）

53 樣子圓又圓，
裏面白胖胖，
雖有眼珠子，
張眼不能看。

（猜一水果）

54 皮膚有紅又有綠，
長在樹上真美麗。
味道酸甜又可口，
營養豐富人愛吃。

（猜一水果）

55 身體冷又硬，
臉上會反光，
太陽一出來，
它就淚汪汪。

（猜一物）

56 有面沒有口，
有腳沒有手，
雖有四隻腳，
可是不能走。

（猜一物）

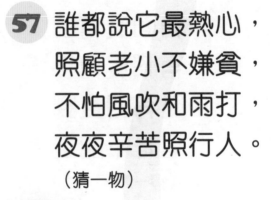

57 誰都說它最熱心，
照顧老小不嫌貧，
不怕風吹和雨打，
夜夜辛苦照行人。

（猜一物）

58 身體輕又薄，
滿身是文字，
有了它在手，
便知遠近事。

（猜一物）

59 鐵將軍，把門守，
客人來，不讓路，
主人來，才開口。

（猜一物）

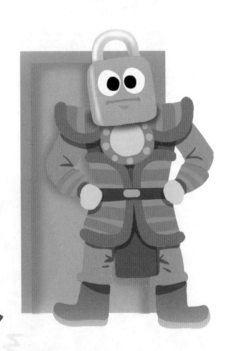

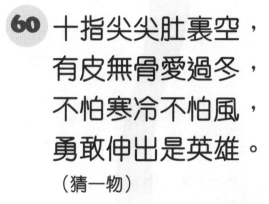

60 十指尖尖肚裏空，
有皮無骨愛過冬，
不怕寒冷不怕風，
勇敢伸出是英雄。

（猜一物）

61 一個胖子心卻空，
肚皮鼓鼓水面浮，
鍛煉身體愛游泳，
它是你的好伙伴。

（猜一物）

62 看似星星不是星，
太陽照得亮晶晶，
會傳信息會拍照，
科學世界顯本領。

（猜一物）

63 這艘小船真奇怪，
行駛速度非常快，
不在江河水上游，
專飛星球外世界。

（猜一物）

64 圓筒裝着白漿糊，
每天早晨擠一點，
三十二個小兄弟，
保持潔白全靠它。
（猜一物）

65 身體很纖瘦，
懷有大理想，
為人獻光明，
甘願獻生命。

（猜一物）

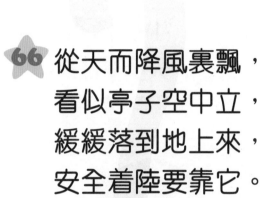

66 從天而降風裏飄，
看似亭子空中立，
緩緩落到地上來，
安全着陸要靠它。

（猜一物）

67 小小掃帚，
一手拿牢，
小石縫裏，
天天打掃。

（猜一物）

68 長方圓形樣樣有，
能搭橋來能蓋樓，
樓房蓋起不住人，
橋樑搭好無法走。

（猜一物）

69 海上一顆小星星，
不怕海浪和狂風，
夜夜睜眼到天亮，
茫茫大海指航程。

（猜一物）

70 一條大魚游水下，
身不長鱗披盔甲，
眼睛長在脊樑上，
敵人看見都驚怕。

（猜一物）

71 像錶不是錶，
不報分和秒，
深山去探險，
它是好嚮導。

（猜一物）

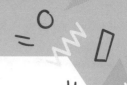

72 全身上下白，
最怕見太陽，
雖然不穿衣，
但不會着涼。

（猜一物）

73 小小白布四方方，
整整齊齊好端莊，
乾乾淨淨帶身上，
沾上髒物不收藏。

（猜一物）

74 一生正直清白，
走路總是摸黑，
為了教育後代，
不惜粉身碎骨。

（猜一物）

75 背着鐵櫃帶水泵，
身穿紅袍嗚嗚響，
警報一鳴急奔馳，
全力以赴往火場。

（猜一物）

76 又長又方一個箱，
水兒清清像池塘，
沒有風兒起波浪，
能替人們洗衣裳。

（猜一電器）

77 屋子四方方，
有門沒有窗，
屋外熱烘烘，
裏面結冰霜。

（猜一電器）

78 為你清潔，
它吞灰塵。
為你健康，
它不怕髒。
（猜一電器）

79 鐵嘴巴，愛吃紙，
專門為人做好事，
按它鼻子它就咬，
咬完掉個鐵牙齒。

（猜一文具）

80 有圓也有方，
一副好心腸，
幫你改錯字，
自己不怕髒。

（猜一文具）

81 姊姊妹妹肩並肩，
走起路來真新鮮，
一個原地不動搖，
一個總是轉圈圈。

（猜一文具）

82 一匹馬兒兩人騎，
這邊高來那邊低，
雖然馬兒不走路，
兩人騎得笑嘻嘻。

（猜一玩物）

83 一座橋，不算高，
你上我下真熱鬧，
上橋一級一級爬，
坐着一溜就下橋。

（猜一玩物）

84 兩條繩子一塊板，
掛在高高鐵架上，
抓牢繩子一蹬板，
盪來盪去練膽量。

（猜一玩物）

85 十人分兩筐，
人人運瓜忙，
明知筐無底，
偏要往裏裝。

（猜一體育活動）

86 紅門樓，開一開，
好吃的，請進來。
（猜一身體部位）

89

87 五個兄弟，住在一起，
名字不同，身形不同，
大哥最胖，三哥最高。

（猜一身體部位）

88 平時少露面，
站在最前線，
行是急先鋒，
平衡靠它們。

（猜一身體部位）

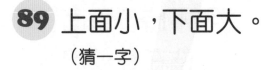

89 上面小，下面大。

（猜一字）

90 勿掛心上

（猜一字）

91 一隻小帆船，
船上載着米，
向東又向西，
不知往哪裏。

（猜一字）

92 一木口中栽，
非困也非呆，
你若猜作杏，
還未猜出來。

（猜一字）

93 一對明月，
毫不殘缺，
躲在山下，
左右分裂。

（猜一字）

94 兩塊木牌，
釘成一排，
告示一下，
不准往來。

（猜一字）

95 自大再加一點，
人們都把鼻掩。

（猜一字）

96 沒有鼻子沒有眼，
牙齒長在耳朵邊，
一看就知不正派，
及時改正還未晚。

（猜一字）

97 海邊無水，
種樹一棵，
無葉開花，
會結酸果。

（猜一字）

98 一頭怪牛牛，
怕羞不露頭，
想要看得見，
等到日當頭。

（猜一字）

99 有間房子真奇怪，
建在一條小溪旁，
門外下着傾盆雨，
門裏升起紅太陽。

（猜一字）

100 老大老二和老三，
兄弟三人逗着玩，
老大騎在老二上，
剩下小的在下邊。

（猜一字）

101 左一人，右一人，
土堆上面一起排。

（猜一字）

102 一字真奇怪，
寫出九點來，
細看只三筆，
看你怎樣猜。

（猜一字）

103 蛙能除蟲，
人應愛護，
兩者結合，
才有好處。

（猜一字）

104 壯健男子漢，
身背一張弓，
問他到哪兒，
深山捉大蟲。

（猜一字）

105 斷一半，
續一半，
接起來，
不再斷。
（猜一字）

106 看來有兩人，
面目很難分，
不像是大夫，
卻像是工人。

（猜一字）

⭐107 最後一班飛機

（猜一成語）

108 五隻手指

（猜一成語）

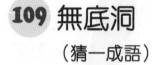

109 無底洞

（猜一成語）

110 公公的生活，
自己來料理。

（猜一成語）

111 動物賽跑，
小馬遙遙領先。

（猜一成語）

112 全部答錯

（猜一成語）

113 打掉牙齒才記住

（猜一成語）

114 夏天發抖
（猜一成語）

115 一個蛋糕切成九塊

（猜一成語）

116 只需工作一次

（猜一成語）

你已完成挑戰，
真厲害啊！

鬥智擂台

謎語挑戰賽 ②

編　　寫：新雅編輯室
繪　　圖：Johnson Chiang
責任編輯：陳志倩
美術設計：陳雅琳
出　　版：新雅文化事業有限公司
　　　　　香港英皇道 499 號北角工業大廈 18 樓
　　　　　電話：(852) 2138 7998
　　　　　傳真：(852) 2597 4003
　　　　　網址：http://www.sunya.com.hk
　　　　　電郵：marketing@sunya.com.hk
發　　行：香港聯合書刊物流有限公司
　　　　　香港荃灣德士古道 220-248 號荃灣工業中心 16 樓
　　　　　電話：(852) 2150 2100
　　　　　傳真：(852) 2407 3062
　　　　　電郵：info@suplogistics.com.hk
印　　刷：中華商務彩色印刷有限公司
　　　　　香港新界大埔汀麗路 36 號
版　　次：二〇一八年五月初版
　　　　　二〇二四三月第五次印刷
版權所有 • 不准翻印

ISBN: 978-962-08-7040-8
© 2018 Sun Ya Publications (HK) Ltd.
18/F, North Point Industrial Building, 499 King's Road, Hong Kong
Published in Hong Kong SAR, China
Printed in China

《鬥智擂台》系列

謎語挑戰賽 1

謎語挑戰賽 2

謎語過三關 1

謎語過三關 2

IQ 鬥一番 1

IQ 鬥一番 2

金牌數獨 1

金牌數獨 2

金牌語文大比拼：
字詞及成語篇

金牌語文大比拼：
詩歌及文化篇